# 유아 자신감 수학

만 **3**세**1**권

# 5까지의 수 알기

# 머리말

### 놀이처럼 수학 학습

<유아 자신감 수학>은 놀이에서 학습으로 넘어가는 징검다리 역할을 충실히 하도록 기획한 교재입니다. 어린 아이들에게 가장 좋은 학습은 재미있는 놀이처럼 느끼게 공부하는 것입니다. 붙임 딱지를 손으로 직접 만져 보며 이리저리 붙이고, 보드 마커로 여러 가지 모양을 그리거나 숫자를 쓰다 보면 아이들이 수학이 재미있다는 것을 알고 자신감을 얻을 것입니다.

### 처음에는 함께, 나중에는 아이 스스로

아이의 첫 번째 수학 선생님은 바로 엄마, 아빠입니다. 그리고 최고의 선생님은 매번 알려주는 것보다는 스스로 할 수 있도록 방향을 제시해 주는 사람입니다. <유아 자신감 수학>은 알려 주기도 하고, 함께 해결하는 것으로 시작하지만, 나중에는 스스로 재미있게 반복할 수 있는 교재입니다.

### 아이의 호기심을 불러 일으키는 **함 께 해 요 ♥**

**함 께 해 요 ♥** 가 표시된 내용은 한 번 풀고 다시 풀 때 조건을 바꾸어 새로운 문제를 내줄 수 있습니다. 풀 때마다 조금씩 바뀌는 문제를 통해서 재미있게 반복할 수 있습니다. 잘 이해하면 다음에는 조금 어렵게, 어려워하면 조금 쉽게 바꾸어서 아이의 흥미를 유발할 수 있습니다.

### 언제든지 다시 붙일 수 있는 <계속 딱지>

아이들이 반복하면서 더 높은 학습 효과를 볼 수 있는 부분을 엄선하여 반영구 붙임 딱지인 <계속 딱지>를 활용하게 하였습니다. 처음에 어려워해도 반복하면서 나아지는 모습을 지켜봐 주세요.

지은이 **천종현**

# 유아 자신감 수학 120% 학습법

### QR코드로 학습 의도 알아보기

주제가 시작하는 쪽에 QR코드가 있습니다. QR코드로 학습 의도, 목표, 여러 가지 활용 TIP
을 알아보세요.

### 학습 준비를 도와 주세요.

**함 께 해 요** ♡ 는 난이도를 조절하며 문제를 내주는 내용입니다. 보드 마커나 <계속 딱
지>로 문제를 만들어 주세요.

한 번 공부한 후에는 보드 마커는 지우고, <계속 딱지>는 떼어서 제자리로 옮겨서,
**함 께 해 요** ♡ 의 문제를 새롭게 바꾸어 주세요.

### 두 가지 붙임 딱지를 특징에 맞게 활용하세요.

**한두번딱지**

**계속 딱지**

**한두번딱지** 는 개념을 배우는 내용에 사용하는 붙임 딱지로 한두 번 옮겨 붙일 수 있는
소재로 되어 있습니다. 틀렸을 경우 다시 붙이는 것이 가능합니다. 떼는 것만 도와주세요.

**계속딱지** 는 문제를 새로 내주거나 아이가 반복 연습이 필요한 내용에 반영구적으로
사용합니다. 한 번 공부하고 다시 사용할 수 있도록 옮기거나 떼어 주세요.

**시작은**

**엄마와 함께**

보드 마커와 붙임 딱지로
재미있게 배웁니다.

**이후엔**

**재미있게 스스로**

보드 마커는 지우고,
계속 딱지는 옮긴 후
아이 스스로 공부합니다.

# 유아 자신감 수학 전체 단계

### 만 3세

| 구분 | 주제 |
|------|------|
| 1권 | 5까지의 수 알기 |
| 2권 | 모양의 구분 |
| 3권 | 5까지의 수와 숫자 |
| 4권 | 논리와 측정 ① |

### 만 4세

| 구분 | 주제 |
|------|------|
| 1권 | 10까지의 수 알기 |
| 2권 | 평면 모양 |
| 3권 | 10까지의 수와 숫자 |
| 4권 | 논리와 측정 ② |

### 만 5세

| 구분 | 주제 |
|------|------|
| 1권 | 20까지의 수와 숫자 |
| 2권 | 입체 모양과 표현 |
| 3권 | 연산의 기초 |
| 4권 | 논리와 측정 ③ |

# 5까지의 수 알기

## 이런 순서로 공부해요.

# 많다 적다

브로콜리가 좋아요. 브로콜리가 더 많은 접시에 ○ 하세요.

사탕을 너무 많이 먹으면 안 돼요. 사탕이 더 적은 접시에 ○ 하세요.

# 개수 세어 보기

더 많은 사탕에 ○ 하세요.

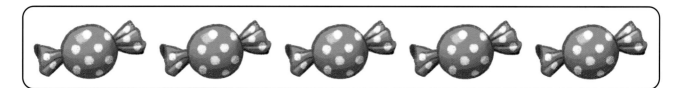

## 더 많은 모양에 ○ 하세요.

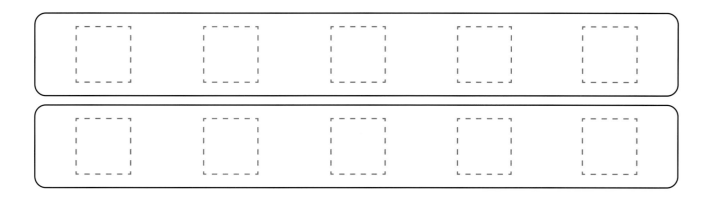

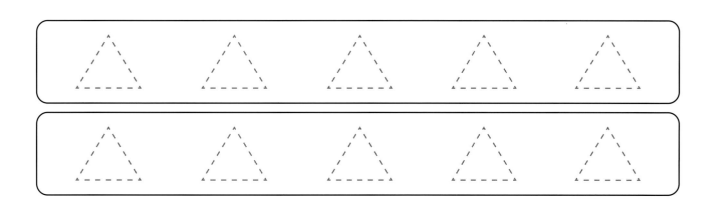

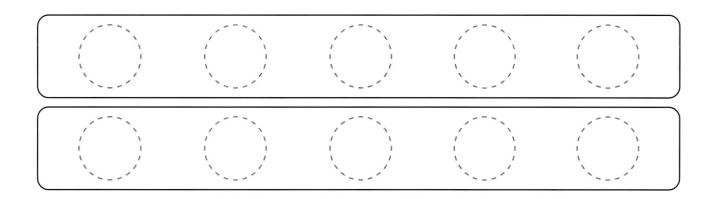

점선을 따라 □모양, △모양, ○모양을 그려서 문제를 만들어 주세요.

# 많은 쪽으로 입을 벌려요

먹을 것이 많은 쪽으로 입을 벌려요.

  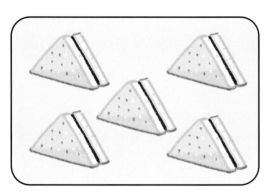

먹을 것이 많은 쪽으로 입을 벌리도록 얼굴 붙임 딱지를 붙이세요. 계속딱지

모양이 많은 쪽으로 입을 벌리도록 얼굴 붙임 딱지를 붙이세요. 계속딱지

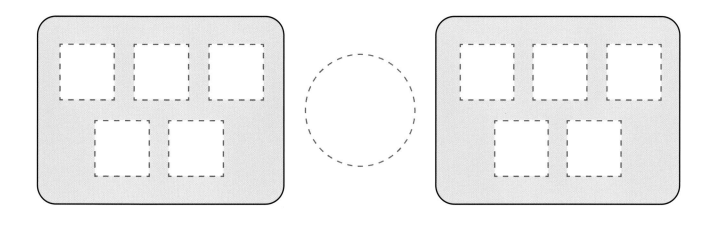

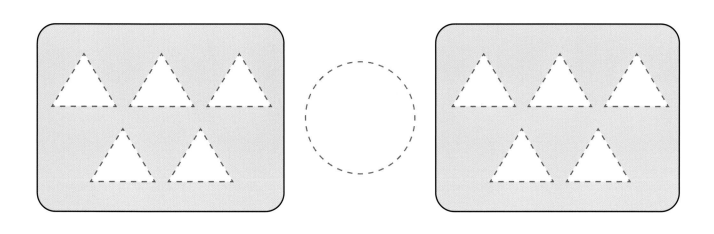

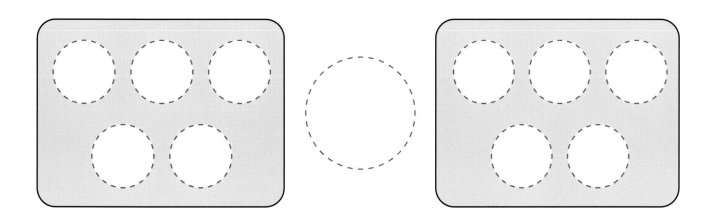

점선을 따라 □모양, △모양, ○모양을 그려서 문제를 만들어 주세요.

# 숨은 그림 찾기

오른쪽 □ 안의 그림을 찾아 ○ 하세요.

# 똑같게 만들어요

숨가락과 포크의 수가 똑같도록 포크 붙임 딱지를 붙이세요.  한두번딱지

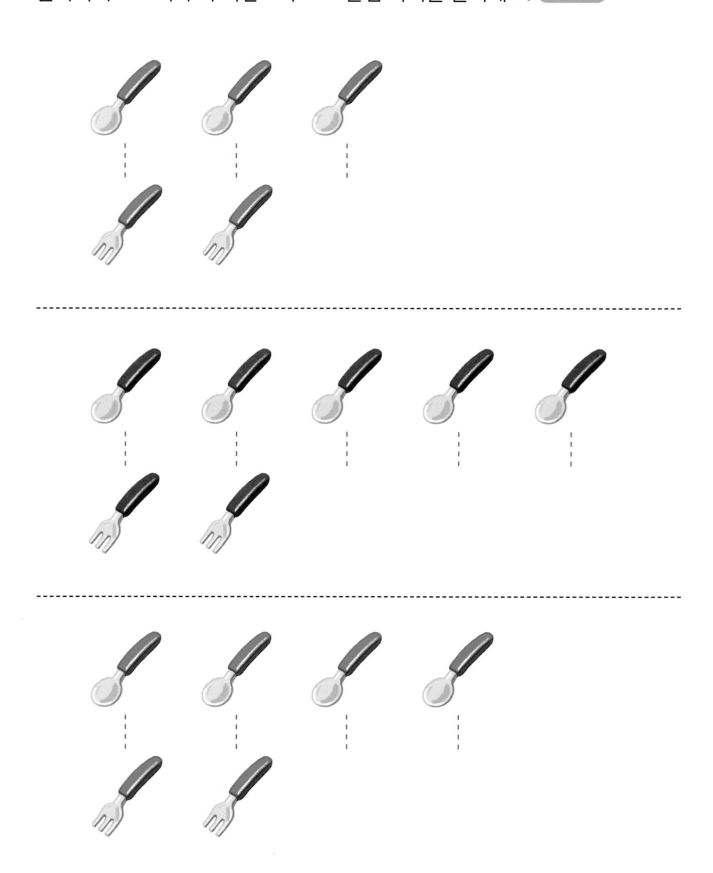

숟가락과 포크의 수가 똑같도록 숟가락에 가림 붙임 딱지를 붙이세요. 한두번딱지

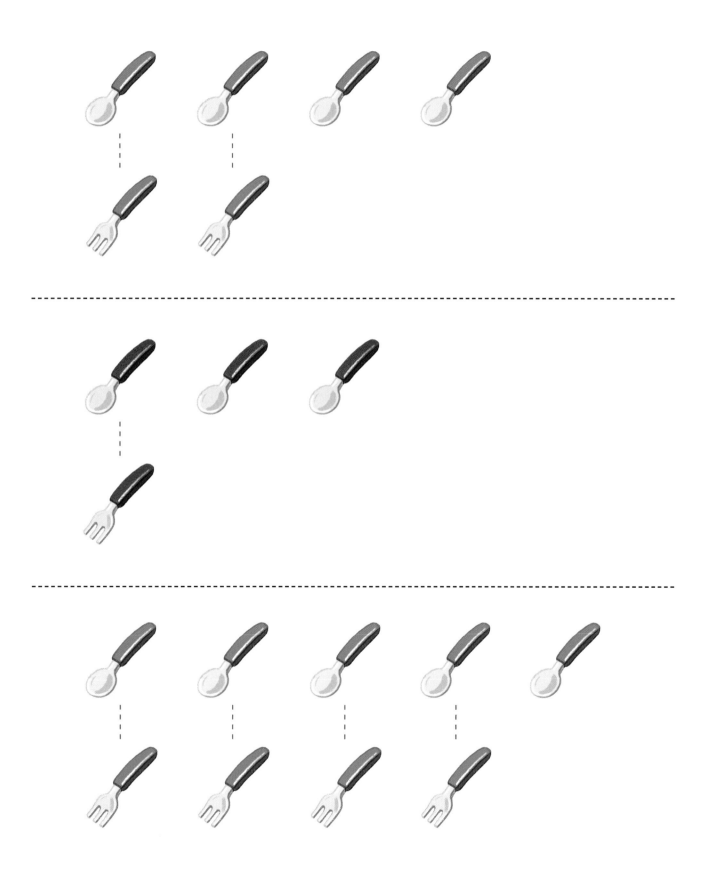

# 같은 수만큼 색칠하기

장난감을 세어 ○를 색칠하세요.

모양이 조금 다를지라도 토끼 인형, 비행기, 로봇으로 분류하여 세도록 해 주세요.

같은 물건을 세어 ○ 하세요. 계속딱지

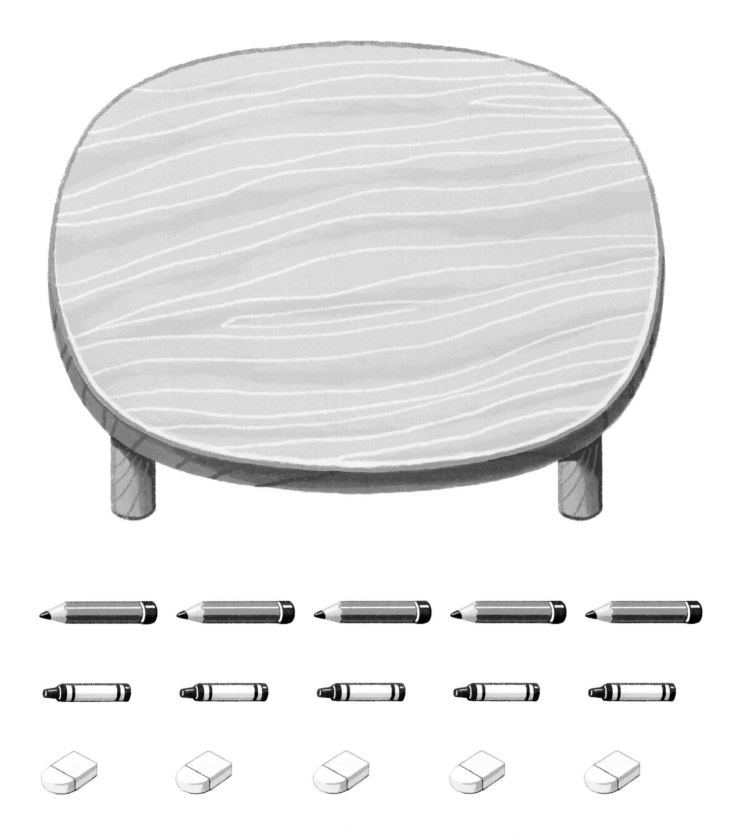

탁자 위에 학용품 붙임 딱지를 다양한 개수로 붙여 주고 붙인 물건만큼 탁자 아래 학용품에 ○ 하게 해 주세요.

# 줄을 선 동물들

줄을 서 있는 동물을 하나, 둘, 셋, 넷, 다섯으로 셀 수 있어요.

1 하나

하나

2 둘

하나　　둘

3 셋

하나　　둘　　셋

4 넷

하나　　둘　　셋　　넷

5 다섯

하나　　둘　　셋　　넷　　다섯

동물의 수를 세어 수 붙임 딱지를 붙이세요. 한두번딱지

# 꽃에 모인 벌과 나비

꽃 위의 벌을 하나, 둘, 셋, 넷, 다섯으로 세어 수 붙임 딱지를 붙이세요. 한두번딱지

꽃 위의 나비를 하나, 둘, 셋, 넷, 다섯으로 세어 수 붙임 딱지를 붙이세요. 계속딱지

1마리에서 5마리까지 순서를 섞어서 나비 붙임 딱지를 꽃 위에 붙여 문제를 만들어 주세요.

# 나무 도막의 수

나무 도막 2개로 모양을 만들었어요.

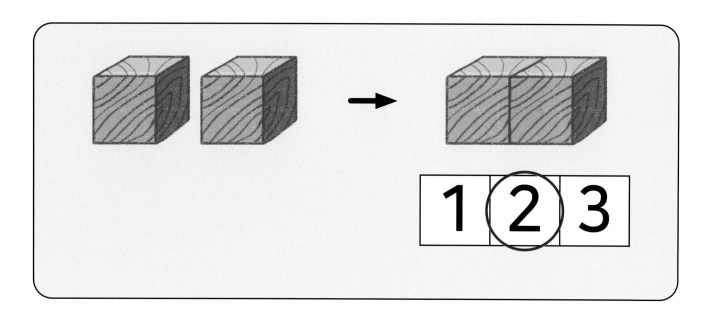

나무 도막의 수에 ○ 하세요.

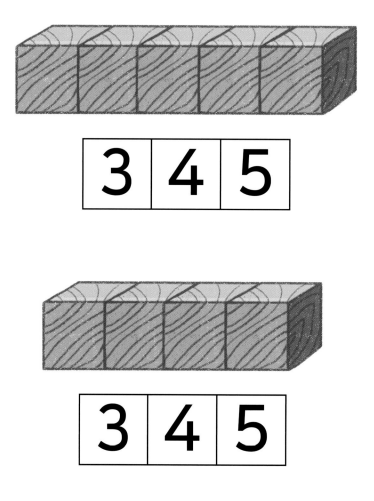

나무 도막의 수에 ○ 하세요. 계속딱지

| 1 | 2 | 3 |

| 2 | 3 | 4 |

| 3 | 4 | 5 |

| 3 | 4 | 5 |

□ 안에 세 수 중 하나만큼 나무 도막 붙임 딱지를 붙여 문제를 만들어 주세요.

# 병아리가 태어나요

금이 생긴 달걀에 병아리가 태어나게 병아리 붙임 딱지를 붙이세요. 한두번딱지

가이드 영상

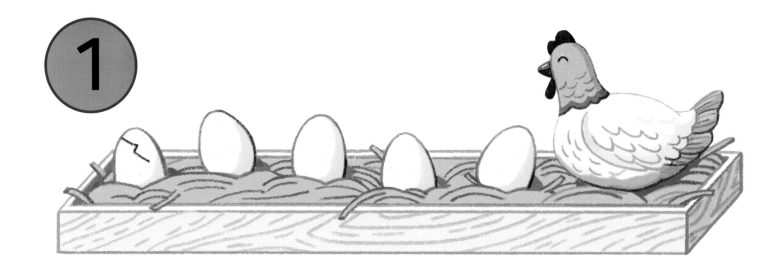

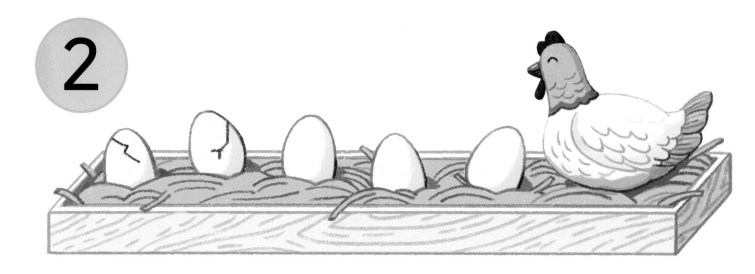

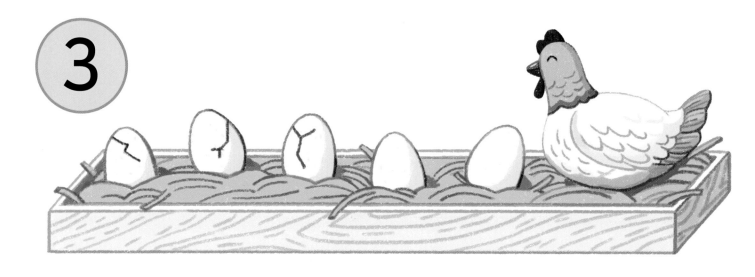

금이 생긴 달걀을 엄마가 1은 "일", 2는 차례로 "일", "이", 3은 차례로 "일", "이", "삼"과 같이 먼저 소리내어
세어 주고 아이가 병아리 붙임 딱지를 붙이면서 "일", "이", "삼"을 따라하도록 해 주세요.

# 일, 이, 삼, 사, 오

여러 가지 붙임 딱지를 차례로 붙이면서 일, 이, 삼, 사, 오로 읽어 보세요. 한두번딱지

| 1 | 2 | 3 | 4 | 5 |

○ 안의 수만큼 □ 안에 나무 막대 붙임 딱지를 붙이세요. 계속딱지

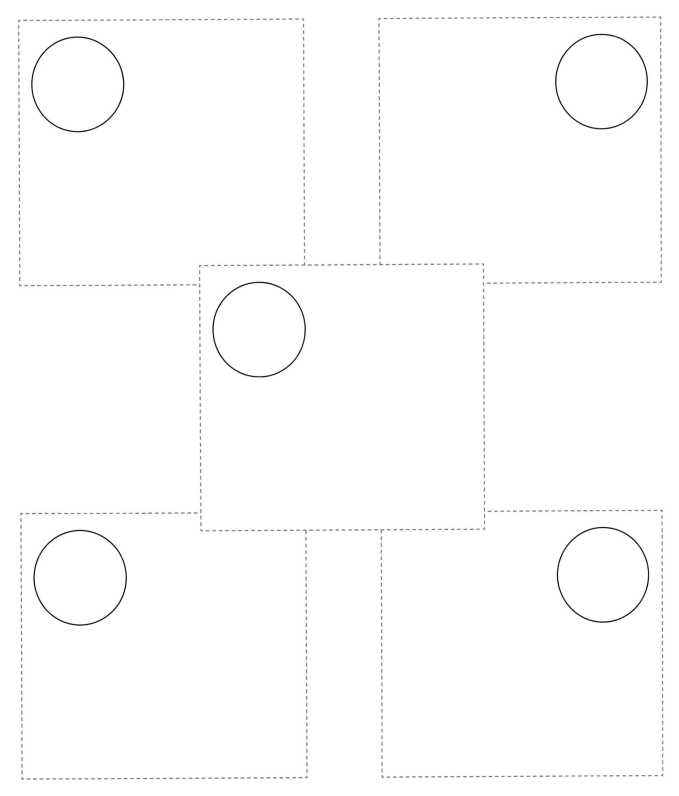

○ 안에 1에서 5까지의 수를 한 번씩 써넣어 문제를 만들어 주세요.

# 숨은 숫자 찾기

수를 찾아 ○ 하고 읽어 보세요.

# 동물들의 숨바꼭질

동물들이 숨었어요. 동물을 찾아서 수 붙임 딱지를 알맞게 붙이세요.

한두번딱지

가이드 영상

# 같은 수 찾기 1

같은 수끼리 선으로 이으세요.

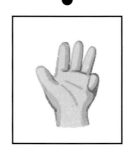  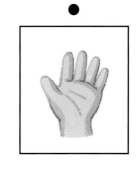  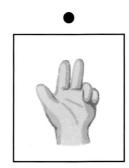

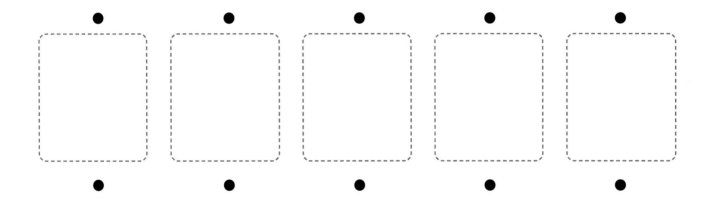

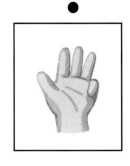  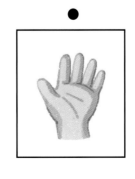  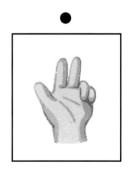

□ 안에 1에서 5까지의 수를 한 번씩 써넣어 문제를 만들어 주세요.

# 같은 수 찾기2

같은 수로 가는 길을 그리세요.

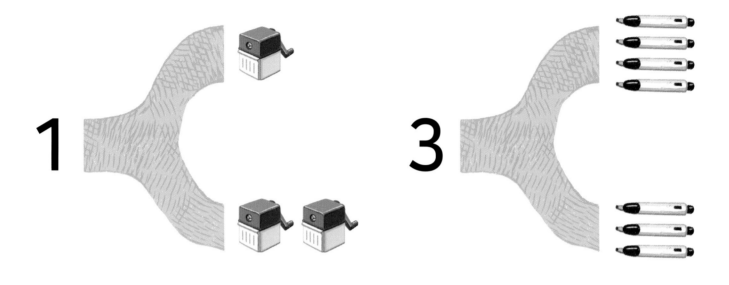

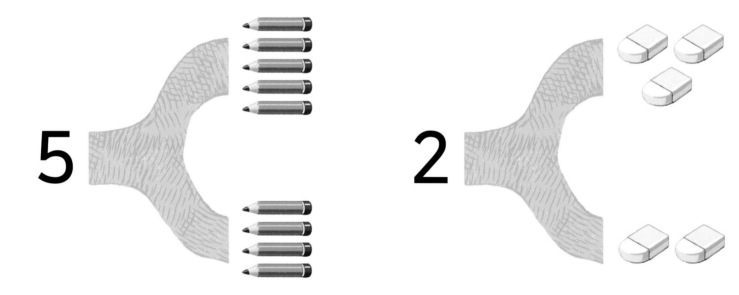

같은 수로 가는 길을 그리세요.

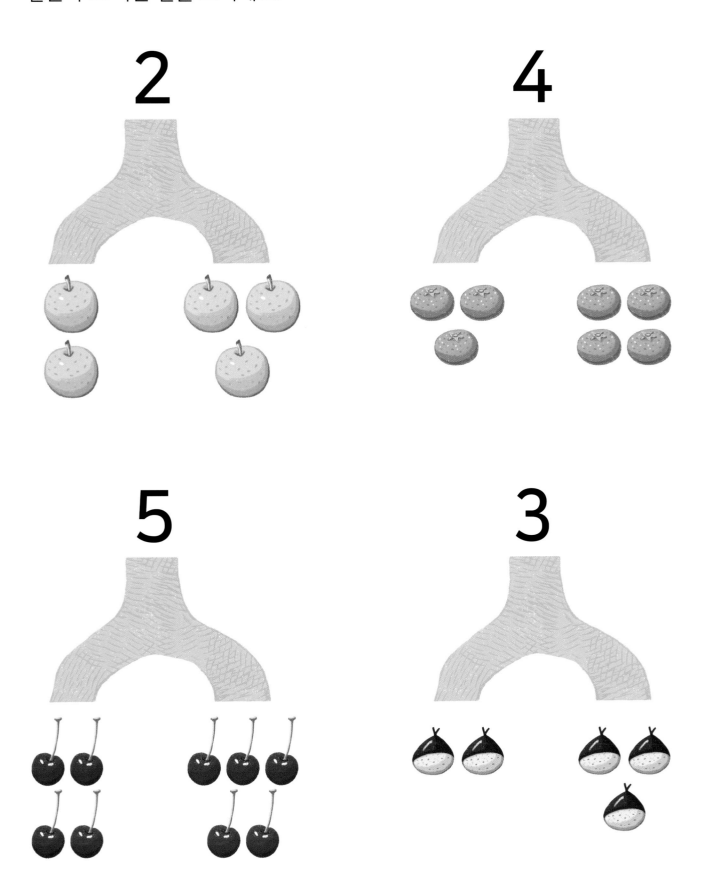

▷ 과 도토리의 수가 같은 길을 따라서 도착하는 집에 ○ 하세요. **계속딱지**

깃발 붙임 딱지를 덧붙여 다른 문제를 만들어 주세요.

# 식사 준비

식탁 위의 숟가락을 기억하세요.

가이드 영상

앞에서 식탁에 놓인 숟가락의 수만큼 젓가락에 ○ 하세요.

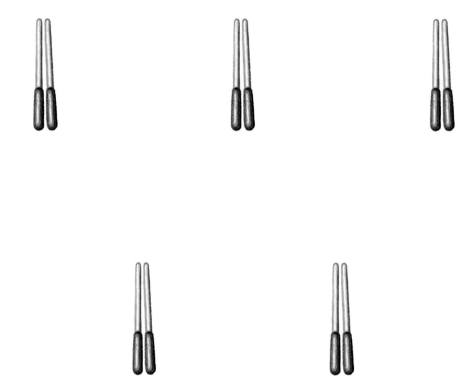

식탁 위의 젓가락을 기억하세요. 계속딱지

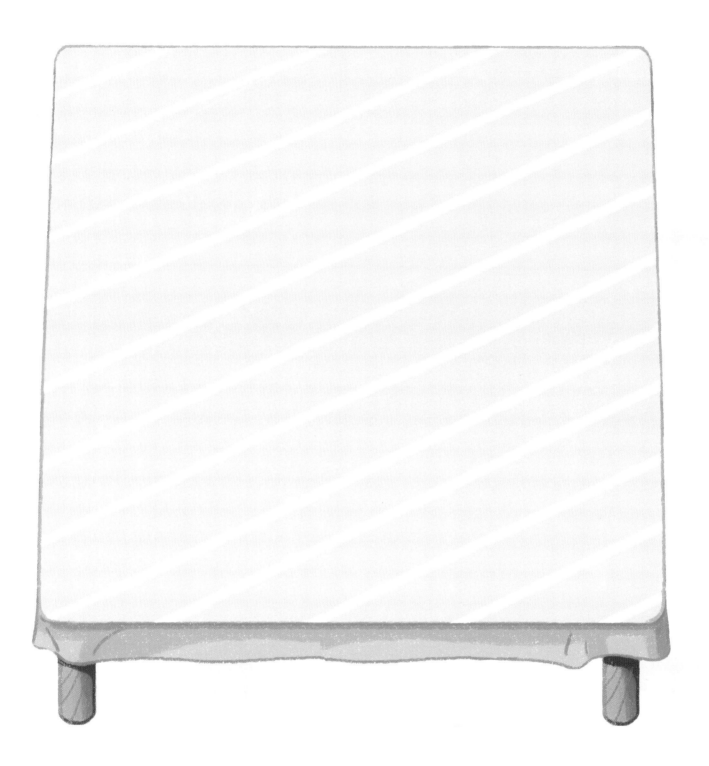

젓가락 붙임 딱지는 젓가락 한 벌이 아니라 젓가락 1개씩 준비되어 있어요. 둘씩 함께 붙이는데 아이가 문제를
재미있게 풀 수 있도록 붙이는 모양을 가지런하지 않도록 해 주세요.

앞에서 식탁에 놓인 젓가락의 수만큼 숟가락에 ○ 하세요.

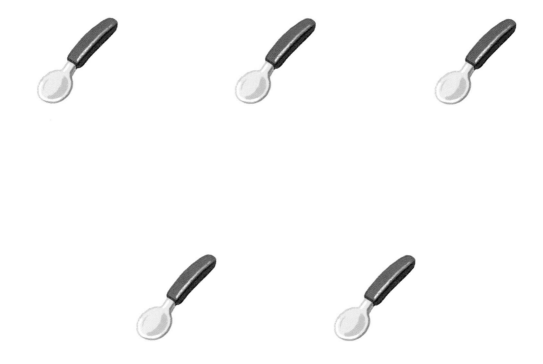

## 식탁 위의 물건을 기억하세요. 계속딱지

숟가락, 젓가락, 접시 붙임 딱지가 있어요. 5를 넘지 않도록 한 가지를 붙여도 되고 여러 가지를 붙여도 돼요.
그림을 보여 주는 시간으로 난이도를 조절할 수 있어요.

식사가 끝났어요. 식탁에 놓인 물건을 모두 아래에 붙이세요. 계속딱지

# 상자 안의 구슬

상자 안의 구슬을 기억하세요.

상자 안의 구슬의 수에 ○ 하세요.

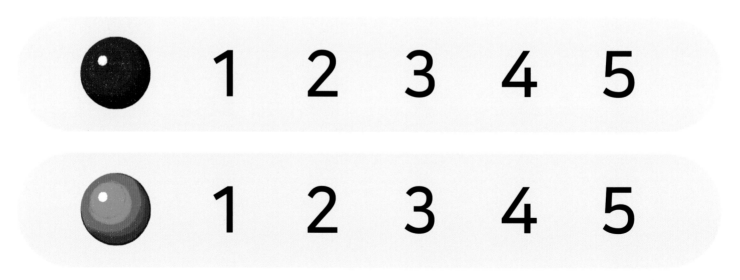

## 상자 안의 구슬을 기억하세요. 계속딱지

두 가지 색깔의 구슬 붙임 딱지가 있어요. 두 가지 구슬을 붙이거나 그림을 보여 주는 시간으로 난이도를 조절할 수 있어요.

상자 안의 구슬의 수에 ○ 하세요.

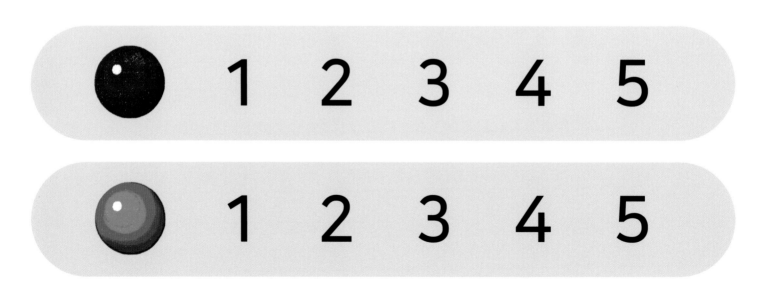

## 상자 안의 사탕을 기억하세요. 계속딱지

세 가지 색깔의 사탕 붙임 딱지가 있어요. 여러 가지 사탕을 붙이거나 그림을 보여 주는 시간으로 난이도를
조절할 수 있어요.

상자 안의 사탕의 수에 ○ 하세요.

| | 1 | 2 | 3 | 4 | 5 |
|---|---|---|---|---|---|
| | 1 | 2 | 3 | 4 | 5 |
| | 1 | 2 | 3 | 4 | 5 |

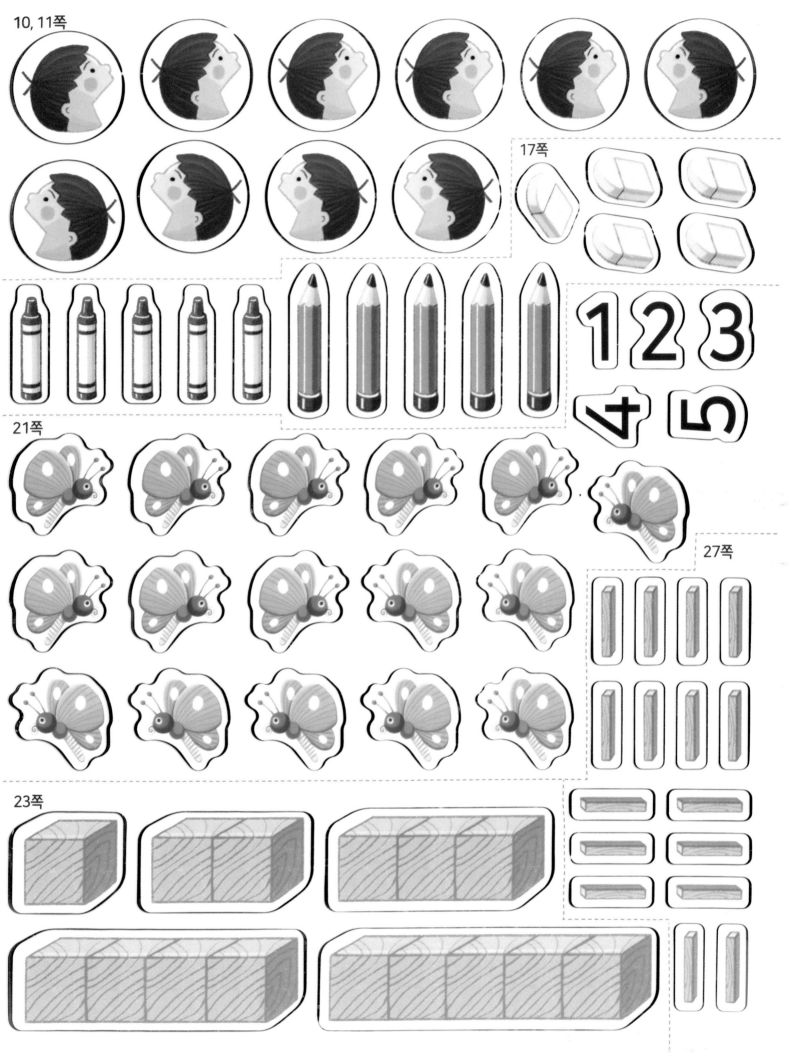

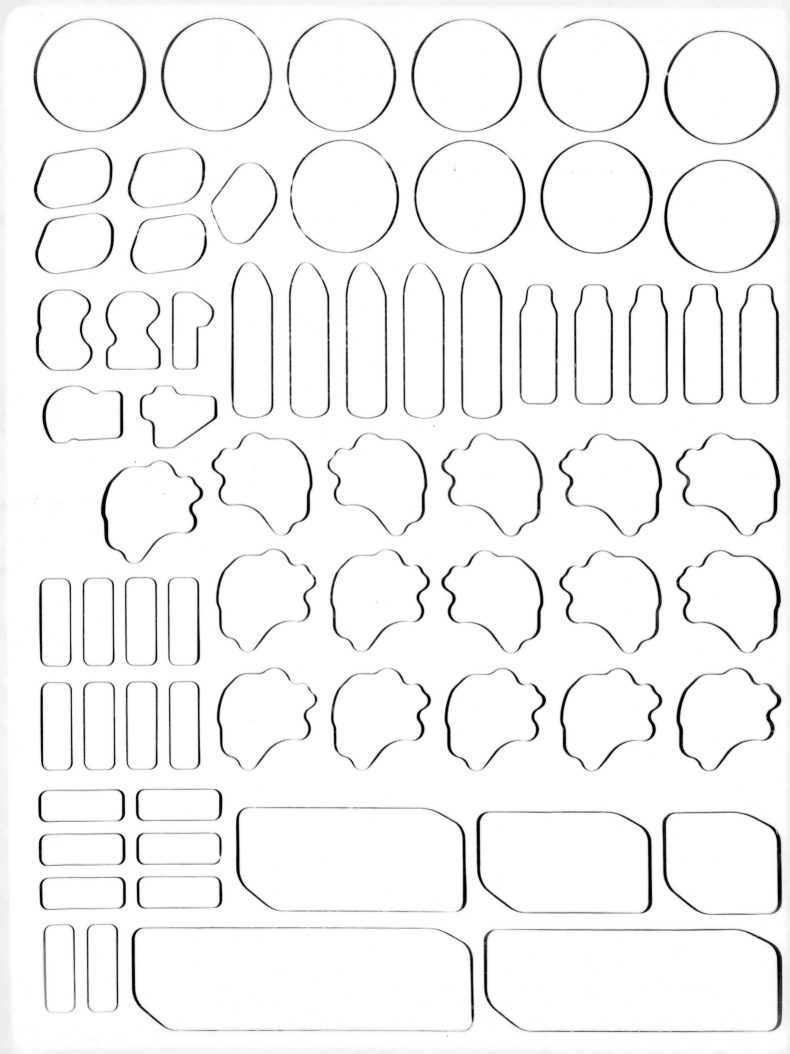

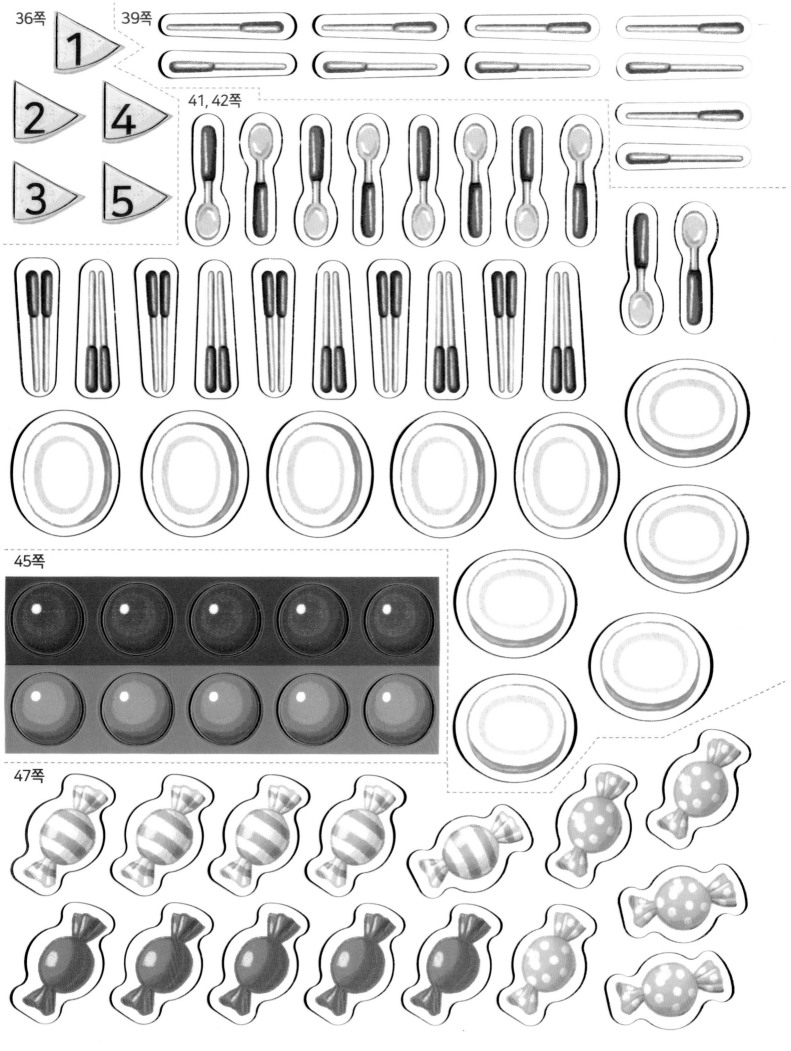

36쪽

39쪽

41, 42쪽

45쪽

47쪽

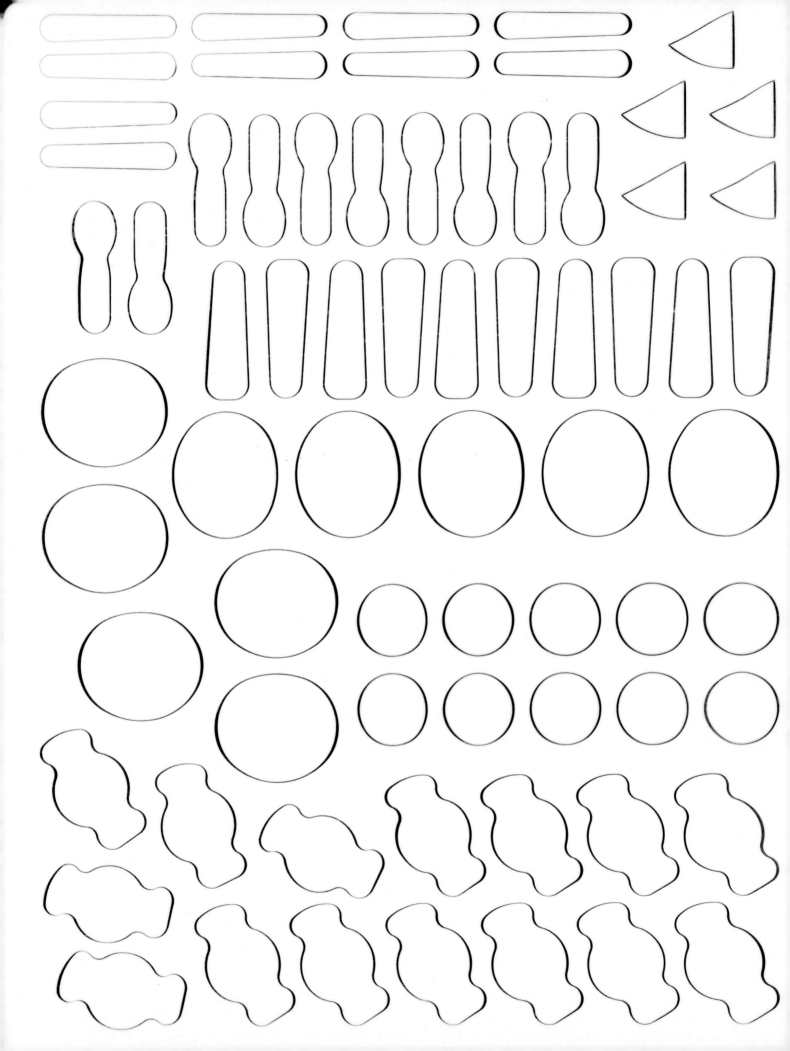

14쪽

15쪽

19쪽

# 1 2 3 4 5

20쪽

# 1 2 3 4 5

24, 25쪽

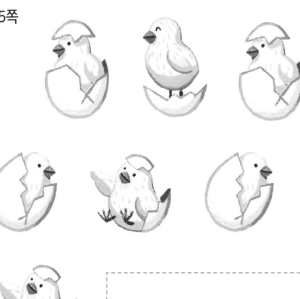

26쪽

# 1 2 3 4 5

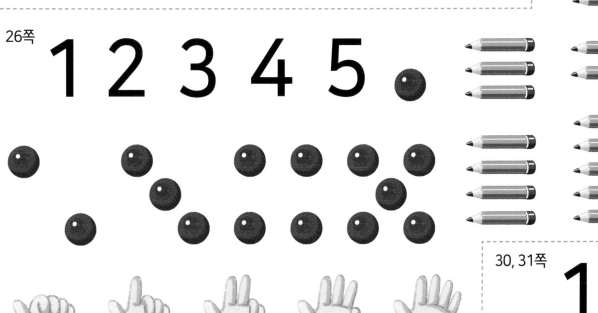

30, 31쪽

# 1 2 3
# 4 5

# 천종현수학연구소의  시리즈 구성

| 4세 | 5세 | 6세 | 7세 | 8세 |
|---|---|---|---|---|

## 유아 자신감 수학 : 유아 수학 입문서

- 처음에는 엄마, 아빠와 함께, 나중에는 아이 스스로
- 개념의 이해부터 적용까지

보드 마커로 쓰고 지우고
붙임 딱지를 붙였다 뗐다
엄마, 아빠가 만들어주는 우리집만의
특별한 문제까지!

유아 자신감 수학
만 3세

유아 자신감 수학
만 4세

유아 자신감 수학
만 5세

5, 6세 단계는 수를 처음 배우는 단계로
기호 없이 그림과 함께 덧셈과 뺄셈 알기

6, 7세 단계는 수의 순서를 익히면서
덧셈, 뺄셈의 원리 이해와 실전

7, 8세 단계는 가르기와 모으기로 속도와
정확성까지 초등 연산 준비

## 키즈 원리셈 : 기본 연산 학습서

- 매주 10분씩 원리의 이해부터 다양한 유형에 적용까지
- 생활 속 구체물과 추상적인 수 개념의 연결

키즈 원리셈
5, 6세 단계

키즈 원리셈
6, 7세 단계

키즈 원리셈
7, 8세 단계

풍부한 활동 자료와 사고력을 키워주는
다양한 수학 퍼즐!!
전 영역에 걸쳐 초등 입학 전 알아야 할
필수적인 수학 개념을 익히면서
수감각, 공간지각력, 논리력, 문제 이해력
키우기

## TOP사고력 K,P : 사고력 수학의 첫걸음

- 수학적 직관력과 문제 이해력의 배양
- 영역별 나선형식 반복 학습 구조

탑사고력
K 단계

탑사고력
P 단계

## 놀이처럼 수학 학습

<유아 자신감 수학>은 놀이에서 학습으로 넘어가는 징검다리 역할을 충실히 하도록 기획한 교재입니다. 어린 아이들에게 가장 좋은 학습은 재미있는 놀이처럼 느끼게 공부하는 것입니다. 붙임 딱지를 손으로 직접 만져 보며 이리저리 붙이고, 보드 마커로 여러 가지 모양을 그리거나 숫자를 쓰다 보면 아이들이 수학이 재미있다는 것을 알고 자신감을 얻을 것입니다.

## 처음에는 함께, 나중에는 아이 스스로

아이의 첫 번째 수학 선생님은 바로 엄마, 아빠입니다. 그리고 최고의 선생님은 매번 알려주는 것보다는 스스로 할 수 있도록 방향을 제시해 주는 사람입니다. <유아 자신감 수학>은 알려 주기도 하고, 함께 해결하는 것으로 시작하지만, 나중에는 스스로 재미있게 반복할 수 있는 교재입니다.

## 아이의 호기심을 불러 일으키는 함 께 해 요 ♡

함 께 해 요 ♡ 가 표시된 내용은 한 번 풀고 다시 풀 때 조건을 바꾸어 새로운 문제를 내줄 수 있습니다. 풀 때마다 조금씩 바뀌는 문제를 통해서 재미있게 반복할 수 있습니다. 잘 이해하면 다음에는 조금 어렵게, 어려워하면 조금 쉽게 바꾸어서 아이의 흥미를 유발할 수 있습니다.

## 언제든지 다시 붙일 수 있는 <계속 딱지>

아이들이 반복하면서 더 높은 학습 효과를 볼 수 있는 부분을 엄선하여 반영구 붙임 딱지인 <계속 딱지>를 활용하게 하였습니다. 처음에 어려워해도 반복하면서 나아지는 모습을 지켜봐 주세요.

발행일: 2024년 6월 3일 | 발행처: (주)천종현수학연구소
기획: 천종현 | 집필 / 편집: 천종현, 김문수, 김형원, 이정환, 이현아
디자인: 오윤희 | 마케팅: 김종열
전화: 031-745-8675 | FAX: 031-733-8675
천종현수학연구소 공식카페: https://cafe.naver.com/maths1000

⚠ 경고
2세 이하 사용 금지
입에 넣지 마시오.

KC 안전확인신고확인증번호:
CB061A432-1001
KC마크는 이 제품이 공동안전기준에 적합하였음을 의미합니다.

1. 품명: 완구
2. 모델명: 유아 자신감 수학
3. 제조연월: 2021년 5월 10일
4. 제조자명: 천종현사고력수학
5. 전화 번호: 031-745-8675
6. 사용 연령: 3세 이상
7. 제조국: 대한민국
8. 주소: 서울특별시 송파구 위례순환로 387, 2동 4층 401호(장지동, 대신 위례센터)

정가: 10,000원

ISBN 979-11-6012-127-8

생각과 자신감이 커지는

썼다 지웠다
붙였다 뗐다

매일 10분

# 유아 자신감 수학

만 5세 4권

논리와 측정 ③

보드 마커와
붙임 딱지로
**즐겁게**

내 아이에게
꼭 맞는
**엄마표 문제**

재미있게
스스로
**반복학습**

천종현수학연구소

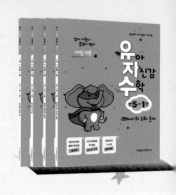

## 저자 소개
### 천종현

- 약력 -

서울대학교 졸업

前 잠실시매쓰 원장

前 사고력수학소마 연구소장

現 천종현수학연구소 대표

한국일보 '스토리텔링 수학 속으로' 7개월간 연재

팩토 지도사 강사

화성 교육 지원청 학부모 아카데미 '수학심화과정' 강사

수원 영통지역 영재학급 시험문제 출제

- 저서 -

학습서

　사고력 교재 - TOP 사고력 수학

　학원 교재 - 소마 사고력 수학, 수학의 아침 TOI, SOI

　유아 학습서 - 유아 자신감 수학

　연산 학습지 - 원리셈, 소마셈

단행본

　'그 많은 문제를 풀고도 몰랐던' 초등 사고력1 수학의 원리

　　　　　　　　　　　　초등 사고력2 수학의 전략,

　'쉽고 재미있게 깨우치는 스토리텔링' 천하무적 창의수학 연구소

　엄마표 수학놀이 100일의 기적

---

## 천종현수학연구소는

천종현 연구소장 아래 사고력 수학 교재를 깊이 있게 연구해 온 집필진으로 이루어져 있습니다. 실전에 강한 사고력 전문가 집단으로서 사고력 수학을 가르치는 것을 시작으로 수학의 원리를 통한 단계적 학습을 강조하는 사고력 및 창의력 교재를 개발하고 있습니다. 방법을 암기하는 수학 공부법에 대한 문제 인식을 갖고 이를 해결하기 위해 아이들이 쉽고 재미있게 공부하면서도 원리를 이해하며 스스로 생각하는 힘을 기를 수 있는 수학 컨텐츠를 연구합니다.

천종현수학연구소의 홈페이지와 앱 (https://1000math.com)는 출간된 교재의 정보와 다양한 주제의 동영상 강의를 보실 수 있고 학습에 도움이 되는 자료들을 무료로 제공받으실 수 있습니다. 앱을 활용하면 재미있는 연산 게임도 즐기실 수 있습니다.

천종현수학연구소 공식카페와 유튜브 (http://cafe.naver.com/maths1000), (https://www.youtube.com/user/thoubell)는 다양한 칼럼 자료와 교육 정보들을 주기적으로 제공하고 학부모 간의 정보 교류 및 다양한 이벤트에도 참여하실 수 있습니다.

홈페이지 바로가기

앱 다운로드

공식카페 바로가기

유튜브